农村科技口袋书

农村科技口袋书

茶叶丰产新技术

中国农村技术开发中心　编著

中国农业科学技术出版社

图书在版编目（CIP）数据

茶叶丰产新技术 / 中国农村技术开发中心编著 .—
北京：中国农业科学技术出版社，2014. 12
（农村科技口袋书）
ISBN 978-7-5116-1947-1

Ⅰ .① 茶… Ⅱ .① 中… Ⅲ .① 茶叶—栽培技术Ⅳ .① S571.1

中国版本图书馆 CIP 数据核字（2014）第 284096 号

责任编辑 李 雪 史咏竹
责任校对 贾晓红

出 版	中国农业科学技术出版社
	北京市中关村南大街 12 号 邮编：100081
电 话	（010）82109707 82106626（编辑室）
	（010）82109702（发行部） （010）82109709（读者服务部）
传 真	（010）82106650
网 址	http://www.castp.cn
经 销	各地新华书店
印 刷	北京地大天成印务有限公司
开 本	880 mm×1230 mm 1/64
印 张	2
字 数	71 千字
版 次	2014 年 12 月第 1 版 2017 年 9 月第 4 次印刷
定 价	9.80 元

编写人员

主　编：鲁成银　董　文

副主编：熊兴平　戴炳业

编写人员：（按姓氏笔画排序）

马立锋　王红娟　尹军峰　邓余良

石元值　叶　阳　田易萍　江昌俊

孙威江　肖　强　吴卫国　陈　亮

周　雷　查道生　袁海波　郭华伟

曹崇江　董春旺　韩文炎　傅海平

滕年军

前　言

　　为了充分发挥科技服务农业生产一线的作用，将先进适用的农业科技新技术及时有效地送到田间地头，更好地使"科技兴农"落到实处，中国农村技术开发中心在深入生产一线和专家座谈的基础上，紧紧围绕当前农业生产对先进适用技术的迫切需求，立足"国家科技支撑计划"等产生的最新科技成果，组织专家力量，精心编印了小巧轻便、便于携带、通俗实用的"农村科技口袋书"丛书。丛书筛选凝练了"国家科技支撑计划"农业项目实施取得的新技术，旨在方便广大科技特派员、种养大户、专业合作社和农民等利用现代农业科学知识，发展现代农业、增收致富和促进农业增产增效，为加快社会主义新农村建设和保证国家粮食安全做出贡献。

"口袋书"由来自农业生产、科研一线的专家、学者和科技管理人员共同编制，围绕着关系国计民生的重要农业生产领域，按年度开发形成系列丛书。书中所收录的技术均为新技术，成熟、实用、易操作、见效快，既能满足广大农民和科技特派员的需求，也有助于家庭农场、现代职业农民、种植养殖大户解决生产实际问题。

在丛书编制过程中，我们力求将复杂技术通俗化、图文化、公式化，并在不影响阅读的情况下，将书设计成口袋大小，既方便携带，又简洁实用，便于农民朋友随时随地查阅。但由于水平有限，不足之处在所难免，恳请批评指正。

编　者

2014 年 9 月

目　录

第一章　优质茶叶新品种

第二章 茶树栽培管理技术

第三章 病虫害防治技术

第四章　茶叶加工技术

第五章　主要生产与加工装备

第一章

优质茶叶新品种

皖茶 91

主要性状

安徽农业大学从引种的云南凤庆群体采用单株分离、系统选育而成。

2010 年通过国家级茶树品种鉴定。无性系，灌木型，中叶类。树姿半开张，叶椭圆形，叶色绿，叶质肥厚柔软。芽叶粗壮，淡绿色，茸毛多，持嫩性好。芽叶生长势强，一芽三叶百芽重38g，平均亩（1 亩≈667m² 。全书同）产比福鼎大白茶高30%。一芽二叶含茶多酚34.49%，氨基酸1.91%，咖啡碱4.71%，水浸出物45.52%。红、绿茶兼制，制绿茶色泽黄绿油润，香气高长，滋味醇厚；制红茶香高味浓。抗寒性强，抗旱性中等。对黑刺粉虱、小绿叶蝉、刺蛾、螨类、茶尺蠖、绿盲蝽、茶橙瘿螨等害虫有较强抗性。扦插成活率高，定植当年茶苗株成活率为88.1%～98.9%，丛成活率为91.1%～98.5%。

适宜区域与物候期

早生种，春季发芽期比福鼎大白茶早5天左

右，一叶期早 4 天左右，二叶期早 6 天左右。适栽地区为安徽、浙江、贵州、山东、湖北和河南等省的茶区。

种植技术要点

宜早施足基肥，春季催芽肥应早施。生产茶园宜条栽，每丛植 2 株或 3 株，移栽后第二年即可轻采投产。

技术支持单位：安徽农业大学茶与食品科技学院

茶农 98

主要性状

安徽农业大学从岳西县地方有性群体中采用单株分离、系统选育而成。

无性系，灌木型，中叶类。树姿直立，叶形长椭圆，叶长 12～14cm，叶宽 3.2～3.4cm。生长势旺盛，成园快。亩产大宗干毛茶 180kg 以上，比当地品种增产 15%，与福鼎大白茶产量相当。制绿茶品质优，香气馥郁清高，具玫瑰花香，滋味醇厚鲜爽，回味甘甜。抗寒能力较强，冬季与早春寒冻害影响小，尤其抗旱能力极强，对茶卷叶蛾和茶赤叶斑病具有较强的抗性。扦插成活率高，达 98% 以上。

适宜区域与物候期

春季发芽期在 3 月下旬。适栽地区为安徽、浙江、江苏、山东、湖北和河南等省的茶区。

种植技术要点

栽培上无特殊要求，同一般灌木型茶树管理

措施相同，在加强养分及树冠培育管理的条件下更能发挥种性特点。

技术支持单位：安徽农业大学茶与食品科技学院

中茶 111

主要性状

中国农业科学院茶叶研究所从云桂大叶群体品种中采用单株分离、系统选育而成。

无性系，灌木型，中叶类。生长势强，树姿半开张，分枝密度较密，叶色绿。芽叶黄绿色，茸毛较少，节间中等，育芽能力较强，发芽密度较高，持嫩性强。产量高，比对照福鼎大白茶增产20%。制绿茶品质优，耐寒性较强。

适宜区域与物候期

发芽期中等（偏早），适宜在浙江、贵州、湖南和湖北等省的茶区种植。

种植技术要点

栽培上无特殊要求，同一般灌木型茶树管理措施相同，在加强养分及树冠培育管理的条件下更能发挥种性特点。

技术支持单位：中国农业科学院茶叶研究所
咨　询　人：陈　亮

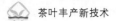

梦 茗

主要性状

安庆市茶业学会从岳西石佛群体种中采用单株分离、系统选育而成。

无性系，灌木型，中叶类。树姿半开张，叶形长椭圆，叶色绿。发芽较密，育芽力强。一芽二叶干样含氨基酸4.9%，茶多酚26.9%，水浸出物40.0%，咖啡碱4.5%。制茶品质优，抗旱和抗病虫能力较强。

适宜区域与物候期

物候期与对照品种相当，适宜在湖南省、福建省、湖北省及相似地区栽培。

种植技术要点

加强肥培管理，适当提高定型修剪高度，在加强养分及树冠培育管理的条件下更能发挥优质、高产、抗旱、抗寒性强的种性特点。

技术支持单位：安庆市种植业管理局
咨　询　人：查道生

山坡绿

主要性状

舒城县茶叶产业协会和舒城县舒茶九一六茶场从舒城群体品种中采用单株分离、系统选育而成。

无性系，灌木型，中叶类。生长势强，树姿半开张，分枝较密。叶色绿，椭圆形。芽叶淡绿色，茸毛较少，一芽三叶百芽重52.4g，育芽能力较强，发芽密度较密，持嫩性强。春季一芽二叶含茶多酚22.12%、氨基酸4.02%、咖啡碱3.75%，水浸出物41.02%。亩产鲜叶391.2kg，制绿茶香气清鲜有花香，滋味清爽。种植成活率高，抗寒耐旱，对小绿叶蝉有较强抗性。

适宜区域与物候期

发芽期较早，适宜在安徽省、浙江省、湖北省及相似地区栽培。

种植技术要点

宜采用双株条栽，以行距150cm、丛距33cm

定植，定植后离地面15cm修剪，第二、第三年春茶前连续进行定型修剪，或适当打顶采。

技术支持单位：舒城县茶叶产业协会
舒城县舒茶九一六茶场

漕溪 1 号

主要性状

谢裕大茶叶股份公司、安徽农业大学和黄山市徽州区农委从黄山地方有性群体种中采用单株分离、系统选育而成。

无性系，灌木型，大叶类。树姿半开展，树型高大，芽头肥壮。叶形长椭圆，叶质厚而柔软。叶大芽壮，发芽密度略稀。幼嫩芽叶淡绿色，茸毛较多，育芽能力强，萌发整齐，持嫩性强。亩产比福鼎大白茶高 15.2%。芽叶茶多酚含量 17.8%，氨基酸 5.8%，咖啡碱 3.2%。适制绿茶，特别适制黄山毛峰茶，香气嫩香高长，带明显花香，滋味鲜醇爽、回甘。抗寒、抗旱、抗病能力强。

适宜区域与物候期

早生种，越冬芽 3 月上旬萌动，3 月底 4 月初开采。适栽地区为安徽、浙江、江苏、湖北等省的茶区。

种植技术要点

重视定植前后的水、土、肥等基础工作。应及时掌握和抓好幼龄茶树的定型修剪和成龄茶树的轻修剪；采用剪、采、养相结合措施，培养丰产树型结构。在土、肥、水保证的前提下，放宽行距为 1.6m 较为适宜。

技术支持单位：谢裕大茶叶股份公司
咨　　询　人：吴卫国

瑞　雪

主要性状

青岛农业大学从山东省引进的黄山群体种中采用单株分离、系统选育而成。

无性系,灌木型,中小叶类。树姿直立或半开张,叶片长椭圆形。芽叶生育力较强,绿色或黄绿色,肥壮,茸毛较多,一芽三叶百芽重120.0g。春茶一芽二叶含茶多酚17.4%,氨基酸4.4%,咖啡碱3.6%,水浸出物49.1%。适制绿茶,品质优良,抗寒性中等。

适宜区域与物候期

中生种,江北茶区一芽三叶期在4月下旬至5月上旬。适栽地区为山东省各产茶区、长江以北部分茶区。

种植技术要点

山东茶区栽培土壤pH值偏高时,可提前用硫磺粉调控。茶苗繁育季节在秋冬季利用大棚加盖遮阳网、塑料薄膜封闭育苗。茶苗以白露后移栽为主，移栽当年做好越冬防护，春季移栽做好土壤水分管理。其余按北方常规茶园栽培管理。

技术支持单位：青岛农业大学

咨　询　人：青岛农业大学茶叶研究所

云茶红 1 号

主要性状

云南省农业科学院茶叶研究所以福鼎大白茶为母本，云抗 10 号为父本，从杂交 F_1 材料中单株选择、系统选育而成。

树姿半开展，分枝密。叶片长椭圆形，叶长 13.70cm，叶宽 5.10cm。叶色绿，叶质较硬。芽叶黄绿色，茸毛多。一芽二叶百芽重 43.90g，育芽力强，发芽密，亩产比云抗 10 号高 55.68%，比福鼎大白茶高 72.57%。春茶一芽二叶干样含水浸出物 49.59%，茶多酚 36.34%，氨基酸 2.56%，咖啡碱 4.46%，儿茶素总量 19.94%，EGCG 含量为 8.81%。制红碎茶甜香、浓郁，滋味浓强鲜。抗茶小绿叶蝉和抗茶饼病能力低于云抗 10 号；抗寒和抗旱能力以及扦插繁殖和移栽成活率比云抗 10 号高。

适宜区域与物候期

勐海地区春茶萌发期在 2 月下旬，一芽二叶开采期在 3 月中旬。适栽地区为云南、贵州等省的茶区。

种植技术要点

栽培上无特殊要求，在加强养分及树冠培育管理的条件下更能发挥种性特点。

技术支持单位：云南省农业科学院茶叶
　　　　　　　研究所
咨　询　人：田易萍

云茶红 2 号

主要性状

云南省农业科学院茶叶研究所以云抗 10 号为母本，福鼎大白茶为父本，从杂交 F$_1$ 材料中单株选择、系统选育而成。

植株较高大，树姿半开展，分枝密。叶片长椭圆形，叶长 11.70cm，叶宽 5.00cm，叶色绿，叶质较硬。芽叶黄绿色，茸毛多，一芽二叶全长 6.50cm。一芽二叶百芽重 38.70g，育芽能力强，发芽密，产量高，4 ～ 7 足龄亩产可达 555.94kg。春茶一芽二叶含水浸出物 47.54%，咖啡碱 4.41%，茶多酚 36.57%，氨基酸 2.13%。制红碎茶花香显，滋味浓鲜爽；制红条茶香气甜香显，滋味甜爽。抗茶小绿叶蝉、抗茶饼病能力低于云抗 10 号；抗寒能力和抗旱能力，以及扦插繁殖和移栽成活率比云抗 10 号高。

适宜区域与物候期

在勐海地区春茶萌发期在 2 月上、中旬，一芽二叶开采期在 2 月下旬至 3 月上旬。适栽地区为云南、贵州等省的茶区。

种植技术要点

栽培上无特殊要求，在加强养分及树冠培育管理的条件下更能发挥种性特点。

技术支持单位：云南省农业科学院茶叶
　　　　　　　研究所

咨　　询　　人：田易萍

第二章

茶树栽培管理技术

茶树生态栽培模式

技术目标

该技术主要针对我国茶园存在的问题或不足，如水土流失、生物多样性差、大量使用化肥和农药，以及由此导致的环境污染、生态系统稳定性下降和茶叶质量安全等。该技术的应用能改善茶园生态环境，提高茶叶产量和品质，促进茶叶生产的持续健康发展。

适宜区域

适合全国茶区推广应用。

技术要点

（1）水土保持技术

简要说来，对于坡度大于25°的山地禁止新建茶园或改植换种；坡度15°～25°的茶园，建立等高梯级园地；坡度小于15°的缓坡地茶树种植沿等高线条栽。坡地茶园上方与山林相接处建立隔离沟，坡地茶园沿等高线或以1/120的梯度建立"竹节沟"。茶园覆盖度保持在80%～90%，有条件的茶园实施铺草和作间。详见"坡地茶园水土保持技术"。

（2）茶园生态改善技术

南方茶区在茶园内种植遮荫树，遮光度控制在30%左右。其他茶区在茶园四周、主道两侧和不适合种茶的地方种植乔木，树种可以是香樟、桂花、樱花、杜英、合欢、玉兰、黄连木、五患子等。离主要公路较近的茶园，靠公路一侧茶园边种植冬青等绿篱植物。

（3）有机物多层次利用技术

种植和养殖业结合，通过物质多层次、多途径循环利用，实现生产与生态的良性循环。如"猪—沼—茶"模式，猪粪制取沼气、沼液作为茶园肥料。或在茶园内养鸡养羊，既减少茶园虫害和草害，又为茶园提供肥料。

（4）病虫草害生物防治技术

利用生物措施和生态技术有效控制病、虫、草害。提高茶园生物多样性控制病虫的发生；利用微生物、动物和植物制剂替代化学农药，如茶尺蠖病毒、茶毛病病毒、Bt、苦参碱等防治病虫害；通过性引诱剂、信息素制剂等生态防控技术防治病虫害。

注意事项

因地制宜，建立水土保持、种养结合和病虫生物防治技术措施。

茶园内或周边的树种要求根系深广、病虫害较少，能在酸性土壤上生长。

生态茶园

技术支持单位：中国农业科学院茶叶研究所

咨　　询　　人：韩文炎

有机茶高效栽培技术

技术目标

随着人们生活水平的提高和环保意识的增强，追求产品优质安全、生产过程绿色环保、生产关系平等和谐的有机农业正成为优质高效农业发展的方向。该技术强调生产过程管理、生态和环境保护，不仅有利于提高茶叶品质，而且能促进茶叶生产的持续健康发展。

适宜区域

适合有机茶生产的区域。

技术要点

（1）有机茶生产的基本要求

有机茶生产基地在最近3年内未使用过化学农药、化肥等违禁物质；种子或种苗来源于自然界，未经基因工程改造和离子辐射技术处理；生产基地建立有长期的土壤培肥、植物保护、绿肥间作和畜禽养殖计划；无水土流失和其他环境问题；茶叶在采摘、加工、贮存和运输过程中清洁无污染；在生产和流通过程中有完善的质量控制和跟踪审查体系，并有完整的生产和销售记录档案。

（2）有机茶生产环境

有机茶在无污染、生态条件良好的环境中生产。生产基地远离城区、工矿区、交通主干线、工业污染源、生活垃圾场等场所。有机茶园的土壤环境质量符合 GB 15618 中的二级标准，环境空气质量符合 GB 3095 中二级标准和 GB 9137 的规定，灌溉水质符合 GB 5084 的规定。

（3）有机茶园土壤培肥技术

施有机肥、间作绿肥、覆盖和合理耕作是土壤培肥最重要的技术措施。有机茶园提倡使用生产体系内自制并充分腐熟的堆肥、沤肥和沼液，允许使用一些天然的矿物肥料。禁止使用化肥，如尿素、过磷酸钙、氯化钾和普通复合肥等。

有机茶园每年施肥 2 次，于 2 月底和 8 月中旬进行。每次亩施菜籽饼 100～200 kg，或商品有机肥 200～400 kg，或相同养分含量的自制有机肥，开沟深施。

（4）有机茶园病虫草害综合治理技术

有机茶园禁止使用化学农药。应优先采用农业技术措施增强茶树生长势、提高茶园生物多样性；利用灯光、色彩诱杀害虫，采用生物农药，机械或人工防治病虫草害。允许使用部分植物、动物和矿物源植保产品，如印楝素、苦参碱、鱼藤酮、石硫合剂、波尔多液、矿物油、茶尺蠖病毒、茶毛虫病毒和苏云金芽孢杆菌等防治病虫害。

注意事项

有机茶园及周边生态环境良好，与周边非有机农业生产区域有隔离带或缓冲区。

按有机农业生产要求生产，且经过相关机构认证后的产品才能叫有机茶。

高山有机茶园

技术支持单位：中国农业科学院茶叶研究所

咨　询　人：韩文炎

茶园晚霜冻害防治与恢复技术

技术目标

随着气候变暖，极端气候频繁发生，以及特早生及早生良种的日益普及，当春季茶芽萌动后、晚霜低温给茶叶生产特别是名优茶生产带来了严重危害。该技术的应用能降低晚霜冻害对早春名优茶生产的影响，提高茶叶经济效益。

适宜区域

适合长江中下游有春季晚霜冻害的茶区。

技术要点

（1）防冻风扇

利用春季近地大气的逆温现象，在茶园内安装防冻风扇，搅动气流，将空中的相对较高的热空气吹到茶树蓬面，降低霜冻的发生。防冻风扇采用三相异步电机，功率 3 000w，安装高度 6 m、俯角 30°，平均每 1.5 亩装 1 台，茶芽萌动后当气温降到 4℃ 以下时自动开启风扇，日出后（约 7 时）关机。

（2）喷灌除霜

喷灌可防止冷空气侵入，阻止茶树蓬面结霜，增加土壤热容量，提高茶园温度。喷灌不仅可洗去茶树叶片表面的霜，而且水温相对较高，可有效降低冻害的发生。当气温降至 0℃ 左右时，于凌晨 3 时左右开启喷灌，8 时左右当太阳出来后停机。

（3）蓬面覆盖

低温来临前在茶树蓬面覆盖遮阳网、地膜或无纺布可防止新叶表面结霜，降低霜冻的危害。要求在低温前一天在茶树逢面直接覆盖，采用双层覆盖，如先盖遮阳网，再盖地膜可减少表层新梢的危害，效果更好。当低温过去，气温回升后揭膜（网）。

（4）霜冻后恢复生产技术

霜冻发生后，茶树蓬面嫩叶变色、焦枯，严重时枝叶干枯、脱落，甚至整枝死亡。为尽快恢复茶树生长，宜采取下列技术措施。

整枝修剪：对于冻害特别严重，新梢全部冻死的茶园进行深修剪或重修剪；对于蓬面尚有幼嫩新梢受冻较轻或未受冻的茶园则不剪。

加强养分管理：土施高浓度复合肥 20 kg/ 亩，喷施营养型叶面肥。

茶树品种合理搭配：对于经常遭受晚霜冻害的茶园，规划时早、中、晚生品种合理搭配，不仅可减少倒春寒导致的经济损失，而且有利于合理安排采摘劳动力，早采多采名优茶。

加强生态茶园建设：在茶园周围种植防护林、行道树，或在茶园中适量种植遮荫树，有利于改善茶园小气候，提高茶园抗冻能力。

注意事项

上述措施有一定的效果，但如气温过低、零下2℃以下时效果不好，甚至可加重危害。

茶园防冻风扇

只有逆温天气（一般为晴天），防冻风扇才有效果，否则还会加重霜冻为害。

冻害发生后，茶树整枝修剪宜轻不宜重，修剪后一般没有春茶生产。

技术支持单位：中国农业科学院茶叶研究所

咨　询　人：韩文炎

茶园高温干旱防治与恢复技术

技术目标

随着气候变暖，季节性干旱、持续高温等天气频繁发生，对茶叶生产造成了严重影响。该技术的应用能降低高温干旱对茶叶生产的影响，提高茶叶产量和品质。

适宜区域

适合高温干旱频繁发生的茶区。

技术要点

（1）灌溉

灌溉，包括浇灌、喷灌和滴灌，是最有效的技术措施。首次灌溉要使土壤湿透，在晴天早晚或夜间进行，如连续无雨，每隔 2～3 天灌溉一次。每次灌水量 10 mm 以上。

（2）地表覆盖

高温来临前在茶树行间或茶行两侧覆盖作物秸秆或杂草，厚度以 10cm 左右为宜。

（3）茶树上方架设遮阳网

这好似为茶树戴上了凉伞（网），可阻挡烈日暴晒，降低叶面温度，防止叶片灼伤。遮阳网离茶树蓬面的距离应在50cm以上，切勿直接覆盖在蓬面上，否则会加重危害。

（4）停止剪采和耕作除草等田间作业

对于极端的高温干旱天气，缓解前应停止采摘、打顶、修剪、耕作、施肥和除草等农事作业，待高温干旱过后再进行田间作业。

（5）高温干旱缓解后的恢复技术措施

修剪：受害茶树叶片有焦斑或脱落，但顶部枝条仍然活着的茶树，不要修剪，可让茶树自行发芽，恢复生长。对于受害特别严重，蓬面枝条枯死的茶园进行修剪，剪去枯死枝条，但要注意宜轻不宜重。

施肥：雨后土壤潮湿时及时施肥，这次施肥可作为茶园基肥，每亩施商品有机肥300～500 kg或菜子饼150～200 kg，再加N、P、K总量为45%的高浓度复合肥20～30 kg，开沟深施。

留养秋茶：夏秋茶多留少采，提早封园，平面树冠秋后剪平。

重新种植：死亡率较高的幼龄茶园归并补缺；个别区块旱死严重的茶园，应彻底深翻、加培客土，根除土壤障碍因子后再行种植；不适合茶树生长发育的区块则改作它用。

加强茶园基础设施建设：对于极端气象灾害频繁发生的茶园，应完善排、蓄、灌水利系统，建立喷灌和滴灌设施，改善茶园生态环境，做好应对不良气象灾害的准备。

注意事项

土壤浅薄、积水、营养不良的茶园易受高温干旱的影响，破除这些障碍因子是降低高温干旱影响最有效的技术措施。

高温干旱发生后，茶树整枝修剪宜轻不宜重。

喷灌茶园

技术支持单位：中国农业科学院茶叶研究所
咨　询　人：韩文炎

严重酸化茶园土壤改良技术

技术目标

由于大量使用化肥，酸雨频繁和茶树种植年限增加，茶园土壤日益酸化，严重影响土壤养分平衡和生物性状。该技术的应用能逐渐提高土壤pH值，恢复土壤生态平衡，促进茶叶生产的持续健康发展。

适宜区域

适合全国茶区土壤pH值低于4.5的茶园。

技术要点

（1）严重酸化土壤改良物质

包括生石灰、白云石粉、草炭、钙镁磷肥、草木灰和有机肥等物质。

（2）改良方法

针对施肥沟pH值较低的状况，采取土壤面施和沟施相结合的方法，即在茶树行间和丛间面施白云石粉或碳酸钙，在茶树行间的施肥沟内沟施磷肥、有机肥与白云石粉或碳酸钙的混合物，面施与沟施物质的比例为（4～6）：1。土壤酸化改良剂于 9～10 月与茶园基肥结合进行。

（3）土壤酸化改良剂使用量

当土壤为 pH 值 4.1～4.4 时，每公顷沟施钙镁磷肥 40 kg，白云石粉 160 kg，面施白云石粉 1 000 kg 左右；土壤 pH 值 3.8～4.1 时，沟施钙镁磷肥 50 kg，白云石粉 200 kg，面施白云石粉 1 250 kg 左右；土壤 pH 值＜3.8 时，沟施钙镁磷肥 60 kg，白云石粉 250 kg，面施白云石粉 1 500 kg 左右。土壤不缺磷时不施磷肥，有机茶园使用的钙镁磷肥必须是矿质来源，未经化学处理。

注意事项

只有当土壤 pH 值低于 4.5 时才进行改良。

土壤酸化改良剂切勿使用过量，否则不仅达不到预期效果，反而会影响茶树生长，降低茶叶产量和品质。

面施的白云石粉应在茶树行间均匀撒施。

技术支持单位：中国农业科学院茶叶研究所
咨　　询　人：韩文炎

茶园有机肥
和无机肥高效配合使用技术

技术目标

针对目前茶园偏施化肥，土壤有机质含量低、养分不平衡、土壤结构较差等现状。该技术的应用能提高土壤养分利用率，改善土壤结构和生物性状，提高土壤质量，促进茶叶生产的持续健康发展。

适宜区域

适合全国茶区。

技术要点

（1）只采春茶茶园

基肥：施有机纯氮 6 ～ 9 kg/ 亩，无机氮 2 ～ 3 kg/ 亩；磷、钾、镁等肥料按土壤测定值确定。当土壤有效 P、K 和 Mg 含量分别低于 15、80 和 40 mg/kg 时，则每亩分别施磷（P_2O_5）、钾（K_2O）、镁（MgO）肥 6 ～ 8、10 ～ 13 和 2 ～ 3 kg；如高于临界值，则磷、钾和镁肥分别每亩施 3 ～ 6、5 ～ 7.5 和 0.8 ～ 1.2 kg，于 9 月中下旬至 10 月底施用。开沟深施，沟深 20cm。

春茶催芽肥：施无机纯氮 6 ～ 9 kg/ 亩，春茶开采前 1 个月施入，开沟 5 ～ 10cm 施肥，施后覆土。

春茶后追肥：施无机纯氮 6 ～ 9 kg/ 亩（可用复合肥），春茶结束后施入，开沟 5 ～ 10cm 施肥，施后覆土。

（2）春夏秋茶采摘茶园

基肥：同只采春茶茶园。

春茶催芽肥：施无机纯氮 4 ～ 6 kg/ 亩。春茶开采前 1 个月施入，开沟 5 ～ 10cm 施肥，施后覆土。

夏茶追肥：春茶结束后，施无机纯氮 4 ～ 6 kg/ 亩，在春茶开采前 1 个月施入，5 ～ 10cm 深度开沟施。

秋茶追肥：夏茶结束后，施无机纯氮 4 ～ 6 kg/ 亩，5 ～ 10cm 深度开沟施。

注意事项

对于土壤 pH 值低于 4.0 的茶园，基肥时配施白云石粉。

茶园施肥采用有机肥和无机肥配施；氮肥总

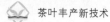
量控制，分期调控；磷、钾和镁肥采用测土配方施肥，基肥一次性施入的基本原则。

茶园开沟施肥

技术支持单位：中国农业科学院茶叶研究所

咨　　询　　人：马立锋

茶园控释肥高效使用技术

技术目标

茶树是典型的多年生喜铵叶用作物，施氮量高，氮肥利用率较低。该技术使用茶树控释专用肥，通过调控养分供应和形态转化速率，使肥料养分供应速度、形态与茶树需求基本匹配，从而延长肥料养分供应期，提高养分利用率，简化施肥技术，减轻环境污染。

适宜区域

适合全国各茶区管理水平较高的茶园。

技术要点

（1）控释专用肥的种类

基肥型和追肥型。基肥型控释期为 6 个月左右，追肥型为 3 个月左右。这两种肥料与尿素等速效肥配合使用。

（2）施肥方法

按"一基二追"使用。基肥按 150 kg/hm^2 纯N 计算，其中，控释肥占 70%，速效化肥（复合肥或尿素）占 30%；春茶催芽肥施速效化肥，每公顷施纯 N 80 ～ 100 kg/hm²；春茶结束后，施夏追肥，按纯 N 100 ～ 120 kg/hm² 计算，其中，追肥型控释肥占 70%，速效化肥（复合肥或尿素）占 30%。控释肥要求沟施，沟深 10 cm 左右，施肥后覆土。

注意事项

控释肥主要是控氮的复合肥，它能延长肥料养分有效期，但前期释放较慢，要求与速效肥配合使用。

不同种类的茶树控释肥

由于控释肥为复合肥，作基肥时配合使用有机肥的效果更好。

技术支持单位：中国农业科学院茶叶研究所
咨　询　人：韩文炎

优质茶机采树冠培育技术

技术目标

通过对茶树树冠的人为调控，形成匀整平齐的采摘面，使其适宜机械化采摘优质鲜叶。该项技术可解决因采茶工紧缺而导致的鲜叶无法及时采摘等问题，采茶效率提高约 10 倍，而采摘成本仅为手工采摘成本的 1/20。

适宜区域

长江中下游地区无性系茶树种植区。

技术要点

（1）茶园基本要求

地块平坦，平地或坡度小于 15℃ 的缓坡茶园。茶树品种为生长旺盛、分枝密度大的无性系良种，以单条或双条栽方式种植。

（2）幼龄茶树机采树冠培育技术

幼龄茶树按标准进行 3 次定型剪后，于翌年 4 月底在上次剪口上抬高 5 ～ 10 cm 平剪，于 6 月底根据采茶机刀片的形状在上次剪口上抬高

5～10 cm再次修剪。再次长出的新梢即可用采茶机进行采摘，采摘适期以新梢高度达到蓬面上5～8 cm为宜，或一芽二叶、三叶及同等嫩度的对夹叶新梢达到70%时为宜。

（3）手采茶园改优质茶机采树冠培育技术

在离地40～50 cm处平剪后留养，待新长枝梢长成30 cm以上、下部木质化时在上次剪口上抬高5～10 cm，用与采茶机刀形相一致的修剪机剪平树冠面，再长出的新梢即可用采茶机进行采摘。

（4）大宗茶机采茶园改优质茶机采树冠培育技术

如茶园长势较好，采用与采茶机刀形一致的修剪机在树冠面向下10 cm的位置进行修剪，随后长出的新梢适度留养，即可进行机采。如茶园长势较差，宜采用重修剪措施来恢复树势。

（5）配套施肥技术

修剪后及时施肥。建议全年施肥量按每公顷500 kg氮，以有机肥为主，有机无机配施的方式分3～4次施入。

注意事项

采茶后一周内对茶树冠面进行一次掸剪，剪

去突出茶树蓬面上的枝叶。

　　7～8月的修剪如遇到高温干旱发生，则不宜修剪。夏秋季要注意防控小绿叶蝉、茶尺蠖等危害发生。

优质茶机械采摘

　　技术支持单位：中国农业科学院茶叶研究所
　　咨　　询　　人：石元值

名优茶生产立体树冠培养技术

技术目标

根据茶树的树龄和长势等分别应用各种修剪方式来改造树冠，采剪结合，培养优化型立体蓄梢树冠，进一步提升名优茶的产量与品质。

适宜区域

长江中下游地区立体蓄梢茶园。

技术要点

（1）幼龄茶园树冠培育

第一次定型修剪：当灌木型茶树达到 2 足龄，苗高达到 30 cm 以上，离地 5 cm 处茎粗超过 0.3 cm，并有 1～2 个分枝时即可开剪。对于生长较差的茶苗，宜推迟进行；已达修剪要求的 1 足龄茶苗也可进行。第一次定型修剪的高度以离地 15～20 cm 为宜，修剪宜在春茶前进行。

第二次定型修剪：在上次修剪一年后进行，若茶苗生长旺盛，苗高达到了 55～60 cm，可提前进行。在上次剪口上提高 10～15 cm 修剪，以春茶前修剪为宜。

第三次定型修剪：在上次修剪一年后进行，若茶苗生长旺盛，可提前进行。在上次剪口上提高10～15 cm剪平即可，一般要求在春茶前修剪，若树势旺盛，也可采取春茶前期早采，嫩采名优茶，20天后结束采摘，再进行第三次定型修剪，夏秋茶打顶养蓬。

第4～5年可采取早采多采名优茶，春茶适当提前结束采摘，在上年剪口上再提高5～10 cm进行整形修剪，蓄养枝梢，于6月底及8月中旬各进行一次打顶，随后留养枝梢，即可正式投产。

（2）成龄手采茶园树冠培育技术

在春茶采摘结束后（4月下旬至5月初），距地面40～50cm处进行水平重剪，随后留养当年枝梢，在6月底和8月初各进行一次树冠打顶控制，然后蓄留生产枝梢。至11月份若树冠面上仍有幼嫩新梢，需要打顶采除。建议次年春茶后可连续进行三年深修剪，再进行重修剪来保证茶树的高产优质。

注意事项

春茶结束后进行的重修剪，不迟于5月底。

秋季打顶控制树冠的时间不宜过迟，一般以8月中旬前为宜，过迟则容易引发下一轮萌发的新梢过嫩，不利越冬。秋季打顶要避开干旱季节。

夏秋季要注意防控小绿叶蝉、茶尺蠖等危害的发生。

名优茶采摘立体茶园

技术支持单位：中国农业科学院茶叶研究所

咨　询　人：石元值

茶叶铅污染综合控制技术

技术目标

针对近年来茶叶铅含量逐渐升高的趋势，该技术在多年研究的基础上，针对茶叶铅污染成因，提出了降低茶叶铅含量的综合技术措施。该技术的使用能明显降低茶叶铅含量，提高茶叶质量安全水平。

适宜区域

适合茶叶铅含量较高的茶园。

技术要点

（1）合理选择茶园基地

茶园土壤质量应符合 GB 15618 和 NY5020 的要求，铅含量不大于 250 mg/kg。

（2）主要公路边茶园种植防护林

种植能阻挡公路扬尘的灌木，如基部也枝叶茂密的冬青，宽度和高度分别在 1 m 和 2 m 以上。通过喷水等作业，保持公路清洁也有重要的作用。

（3）严重酸化土壤使用白云石粉

通过提高土壤 pH 值，降低土壤中铅的生物有效性。对于土壤 pH 值 3.8～4.0、3.5～3.8和 pH 值＜3.5 的茶园分别亩施白云石粉 100kg、150kg 和 200kg。一般每 3～4 年左右施一次，可与茶树重修剪结合进行。白云石粉在茶树行间均匀撒施。

（4）提高鲜叶采摘质量

采摘忌带鳞片、鱼叶、老叶和老梗。

（5）改善鲜叶摊放条件

鲜叶须摊放在干净的竹匾和篾垫上，并防止周围灰尘漂入茶叶摊放和加工场地。

（6）关注加工机具的铅含量

加工机具，特别是揉捻机揉筒和揉盘的铅含量较低，不污染茶叶。另外，龙井茶炒制时使用的制茶专用油也应符合国家相关标准。

（7）提高茶叶精制质量

清除茶叶中的黄片、茶末和其他杂物。

注意事项

铅的污染来源主要有大气（包括空气扬尘）、土壤和加工过程。因此，如茶叶铅含量超标或过高，应在查明原因的基础上，采取有针对性的技术措施。

　　对于土壤来源的铅，只有严重酸化的土壤（pH 值＜ 4.0）才会明显提高铅的生物有效性。这样的土壤需要进行改良，但切忌白云石粉使用过量和不均匀，否则会影响茶树的生长发育。

茶园与公路之间的防尘篱笆

技术支持单位：中国农业科学院茶叶研究所
咨　　询　　人：韩文炎

坡地茶园水土保持技术

技术目标

由于选址不当或管理不善，坡地茶园水土流失现象是标准化生态茶园建设不可忽视的问题。该技术针对不同类型茶园和水土流失成因，提出了坡地茶园水土保持技术措施，以促进茶叶生产的持续健康发展。

适宜区域

适合全国各茶区坡地茶园。

技术要点

（1）茶园选址

坡度大于25°的山地禁止新建茶园或进行改植换种，土层浅薄的土壤也不宜发展茶园。

（2）茶园规划和种植

坡地茶园上方与山林相接的地方建立隔离沟，以免山上雨水冲刷茶园。坡度15°～25°的茶园，建立等高梯级园地；坡度小于15°的缓坡地沿等高线种植茶树。茶树以条栽方式种植，丛距以33 cm

为宜，不大于 40 cm，行距以 1.2～1.5 m 为宜。

（3）修筑茶园"竹节沟"

坡地茶园沿等高线或以 1/120 的梯度建立"竹节沟"（排水沟）。"竹节沟"以沉沙坑和竹节坝依次相连而成，沉沙坑深 45 cm，宽 60 cm，长 100 cm；竹节坝长约 50 cm，比茶园地面低 15 cm（即坝高 30 cm），以利进入沟内的水在沉积坑中停留后再缓慢流入下一个沉沙坑。"竹节沟"的一端与园内主排水沟相连。依坡度大小一般每隔 4～10 行茶树建一"竹节沟"。坡度大时多建，坡度小时增大间距。

（4）提高茶园覆盖度

茶园覆盖度应在 80%～90%。裸露面积越大，土壤侵蚀越明显。因此，茶树种植前应尽量减少土壤裸露的时间，如土地平整好后，可种植绿肥作物；种植后精心管理，促进茶树快速生长；有缺丛断行发生时及时补苗；提倡免耕，茶树行间杂草不求除尽，只要长得不是太高，或离茶树太近也没关系；尽量不要台刈，保持茶树有较大的树冠。

（5）铺草和种草

茶园内铺草、作间绿肥；茶园四周、地边坎头或不适合种茶的地方种植香根草、紫穗槐、爬地木兰、画眉草或小灌木等，减少土表暴露，可起到保土护坎的作用。

（6）改善土壤结构

多施有机肥，增进土壤蓄水及渗透能力，改良土壤结构及物理特性，增强土壤抗蚀性能。

注意事项

茶园水土保持是百年大计，一定要重视。

坡地茶园水土保持首选建立隔离沟、等高梯级园地、排水沟渠等工程设施；其次是改进茶园管理，提高茶园覆盖度和土壤结构，并配合覆盖和种草等措施，提高水土保持效果。

茶园竹节沟

技术支持单位：中国农业科学院茶叶研究所

咨　询　人：韩文炎

茶园"3S"精准管理技术

技术目标

利用地理信息系统（GIS）、全球卫星定位系统（GPS）、遥感技术（RS）和计算机自动控制系统，根据茶园间每一操作单元的具体条件，精细地实施各项土壤和茶园管理措施，最大限度地优化各项投入，以获取最高的产量和最大的经济效益，同时保护农业生态环境，保护土地等农业自然资源。

适宜区域

适用于机械化程度较高的大型茶园。

技术要点

要实现茶园的精准管理，必须建立茶园空间信息技术体系、土壤信息捕获技术体系、综合信息处理技术体系和茶园机械变量控制技术体系。

（1）茶园空间信息技术体系

空间信息是精准农业中实时性最强的信息，通过对各种不同的遥感方式获取的信息经过解译，得到相应的信息资料，应用于精准农业技术中。目前多用资源卫星的多光谱遥感信息经过译制用于农业控制，这在茶园追肥、病虫害防治以及应付茶园生产中的突发事件具有重要的作用。

（2）土壤信息捕获技术体系

土壤信息是实现变量施肥的基础。土壤性状的获得可通过传感器、田间采样、室内分析等技术获得。土壤温度、水分、电导率等参数，可通过田间传感器获得。土壤营养状况目前只能通过田间样品采集和室内分析获得。

（3）综合信息处理技术体系

通过遥感和地面测试获得的信息，需要通过一个数据信息处理技术体系，将各种信息进行数据处理与决策，形成变量信号，来指挥操作机械，实现茶园的变量操作管理。

（4）农业机械变量控制技术体系

在"3S"支持下得到的茶园、土壤等信息经过一系列处理后，得到变量控制信息，最终控制农业机械，实现茶园的精准管理。

注意事项

该技术应用在机械化程度较高的茶园，没有机械，无法实现真正的精准管理。

需要专业的农机服务体系以保障茶园"3S"精准管理技术的大面积、顺利推广实施。

pH
0～4
4～5.5
5.5～6.5
6.5～8.07

利用"3S"技术制作的茶园土壤 pH 值分布

技术支持单位：湖北省农业科学院果树茶叶
　　　　　　　研究所
咨　询　人：王红娟

茶园专用绿肥品种
"茶肥1号"种植技术

技术目标

针对茶园专用绿肥品种匮乏，且配套技术落后，茶农种植绿肥的积极性不高。"茶肥1号"是一种豆科绿肥，具有产青量大、含氮量高、适用性与抗逆性强等特点。该技术的应用，将促进茶园绿肥品种的推广，提高茶园绿肥种植比率，部分解决有机茶园肥源不足这一"瓶颈"，从而降低肥料成本，实现茶农增收、茶企增效，经济和生态效益双丰收。

适宜区域

适合全国茶树种植区。

技术要点

（1）整地

播前要耕翻、耙糖整地，使表土平整，活土层深厚，以利于播种、早出苗和出齐苗。有良好的排水条件。

（2）播种量

500 ~ 750 g/ 亩（经过处理后的种子）。

（3）播种时间

4 月中下旬至 5 月上旬。

（4）播种方法

以条播为主（由于用种量少，拌细砂播种有利于播种均匀），行距 0.6 ~ 0.8 m；先开深 8 ~ 10 cm 深的浅沟，先施以磷肥为主的基肥，再盖 2 cm 土，然后在土层上播种，最后在种子上盖薄土一层。

（5）施肥

播种前结合翻耕整地，施复合肥（N、P、K 45%）11 kg/ 亩，钙镁磷肥 9 kg/ 亩。蹲苗期末（植株第 8 片叶开展，发芽后 40 天左右），追施尿素 1 ~ 2 kg/ 亩。

（6）病虫草害防治

主要害虫为斜纹夜蛾，发生在 7 ~ 9 月，利用杀虫灯诱杀成虫，人工摘除卵块和带集中幼虫的叶片。当苗高达 5 ~ 10 cm 时应控制田间杂草，推荐人工除草，做到除早、除小、除了。

（7）割青时期

最佳割青时间为"茶肥 1 号"盛花期（长沙为 8 月底 9 月初），离地 5 ~ 10 cm 割青。幼龄茶园间种"茶肥1号"可在7月中旬离地20 cm进行第一次割青，8月中下旬离地30 cm第二次割青，第三次在10月底结合茶园基肥割青翻埋。

（8）利用方式

地表覆盖、埋青或机械破碎、发酵再配方成生物有机肥均可。幼龄茶园间种的"茶肥1号"在茶行间直接覆盖。

注意事项

注意避开倒春寒播种，宜在下雨前播种。

绿肥基地选用穴播或条播，不宜撒播。

幼龄茶园间种绿肥应及时割青，以不影响茶树生长。

幼龄茶园间作的"茶肥1号"

技术支持单位：湖南省茶叶研究所

咨　询　人：傅海平

第三章

病虫害防治技术

茶尺蠖病毒使用技术

技术目标

近年来，随着化学农药的不合理使用，导致茶尺蠖对化学农药的抗药性不断增加，无法满足田间防治需要，同时增加了茶叶的农药残留风险。本项技术利用茶尺蠖病毒的专一性，可有效控制茶尺蠖为害，达到代替化学农药使用的目的。

适宜区域

适用于有茶尺蠖发生的浙江、江苏、安徽、湖南、湖北、江西、福建、河南等省。本产品的使用还具有明显的后效作用，能持续控制茶尺蠖发生。

技术要点

茶尺蠖一年发生 5～6 代，以幼虫危害茶树。幼虫历期以第一代最长，其次是第六、第五代，第二至第四代的历期均较短。第一代卵在 4 月上旬开始孵化，第二代孵化高峰期在 6 月上中旬，以后约每隔 1 个月发生 1 代。因此宜在第 1、第 2

代或第 5、第 6 代使用茶尺蠖病毒进行防治。

茶尺蠖初孵幼虫十分活泼，善吐丝，有趋光、趋嫩性，分布在茶树表层叶缘与叶面，取食嫩叶成花斑，稍大后咬食叶片呈"C"字形。1～2 龄时常集中为害，形成发虫中心。3 龄幼虫开始取食全叶，分散为害，分布部位也逐渐向下转移，并常躲于茶丛荫蔽处，4 龄后开始暴食。使用茶尺蠖病毒应在 1～2 龄幼虫发生期施药，以充分发挥病毒的作用。

茶尺蠖主要危害嫩叶，在使用茶尺蠖病毒时应将茶树嫩叶层正反叶片均匀喷湿，亩施药量 75～100 mL 或 750～1 000 倍液。施药宜在晴天傍晚或阴天使用，施药后 1 天内遇雨重施。

注意事项

在使用时应充分摇匀。

应避免阳光直射，在阴凉处保存，有条件的最好冷藏。

本产品对人、畜无毒，对家蚕有毒，不能在桑园和养蚕场所及附近使用。不能与杀菌剂混用。

技术支持单位：中国农业科学院茶叶研究所
咨　　询　　人：郭华伟　肖　强

茶毛虫病毒使用技术

技术目标

本项技术利用茶毛虫病毒的专一性和茶毛虫幼虫的群集效应防治茶毛虫幼虫，达到控制茶毛虫为害、代替化学农药使用的目的。

适宜区域

适用于有茶毛虫发生的浙江、安徽、江苏、江西、湖南、四川、福建、广东、广西壮族自治区（全书称广西）、云南、台湾、河南等省份。

技术要点

茶毛虫因气候条件不同，发生代数有较大差异。在浙江北部、安徽、四川、贵州年发生2代，云南年发生2～3代，湖北、湖南、江西等年发生3代。2代区幼虫发生危害期分别在4月中旬至6月中旬、7月上旬至9月下旬；3代区幼虫发生危害期分别为4月上旬至5月下旬、6月下旬至7月下旬、8月下旬至10月上旬。在茶毛虫发生期均可使用茶毛虫病毒进行防治。

成虫

幼虫

卵

　　茶毛虫幼虫群集性强，1龄、2龄幼虫常百余头群集在茶树中、下部叶背，取食下表皮及叶肉，被害叶呈现半透明网膜斑；3龄幼虫常从叶缘开始取食，造成缺刻，并开始分群向茶行两侧迁移。6龄起进入暴食期，可将茶丛叶片食尽。使用茶毛虫病毒应在1～2龄幼虫发生期施药，以充分发挥病毒的作用。

　　茶毛虫幼虫主要危害茶树中下部老成叶，在使用茶毛虫病毒时应采用侧位喷雾技术，将茶树中下部老成叶均匀喷湿，亩施药量75～100 mL或750～1 000倍液。施药宜在晴天傍晚或阴天使用，施药后1天内遇雨重施。

注意事项

本产品在使用时应充分摇匀。应避免阳光直射，在阴凉处保存，有条件的最好冷藏。

本产品对人、畜无毒，对家蚕有毒，不能在桑园和养蚕场所及附近使用。不能与杀菌剂混用。

技术支持单位：中国农业科学院茶叶研究所

咨　询　人：郭华伟　肖　强

植物源农药防治茶树害虫技术

技术目标

本技术利用从天然植物中提取的烟碱、除虫菊素、鱼藤酮、印楝素、苦皮藤素、藜芦碱、苦参碱等物质防治害虫。由于植物性杀虫活性成分是自然存在的物质，在植物与自然界的长期演化过程中，其各种化学成分早已形成了完善的降解机制，其活性成分在自然界中无累积，对环境较为安全。目前，在茶树上登记的主要有苦参碱、藜芦碱、印楝素等制剂，用于防治茶尺蠖、茶小绿叶蝉、茶橙瘿螨、茶毛虫等害虫。

适宜区域

适用于存在茶尺蠖、茶毛虫、茶小绿叶蝉、茶橙瘿螨等害虫发生的区域。

技术要点

（1）苦参碱使用技术要点

苦参碱主要用于防治茶尺蠖。在茶尺蠖幼虫低龄期（1～3龄），按750倍液～1 000倍液的使用浓度配药，将茶尺蠖为害的嫩叶层均匀喷湿。苦参碱可兼治茶橙瘿螨。

（2）藜芦碱使用技术要点

藜芦碱主要用于防治茶小绿叶蝉和茶橙瘿螨。在茶小绿叶蝉和茶橙瘿螨发生高峰前期，按 800 倍液的使用浓度配药，将害虫为害的嫩叶层均匀喷湿。

（3）印楝素使用技术要点

印楝素主要用于防治茶毛虫。在茶毛虫幼虫发生期，按 750 倍液或 100mL/ 亩的使用浓度配药，采用侧位喷雾的方法将茶毛虫为害的中下部老成叶喷湿。

注意事项

施药宜在晴天傍晚或阴天使用，施药后 1 天内遇雨重施。

切忌长时间施用或使用作用、性能相似的农药，以延缓其抗药性。

对蚕有毒害，禁止在养蚕区使用。

不要与碱性物质混用。

技术支持单位：中国农业科学院茶叶研究所
咨　询　人：郭华伟　肖　强

矿物源农药防治茶树害虫技术

技术目标

本技术利用有效成分来源于无机化合物（矿物）的农药或者从石油中提取的食品级窄幅矿物油，来防治茶园害螨、病害、蚧类等病虫害，以达到代替化学农药、减轻环境负荷的目的。

适宜区域

适用于有茶叶害螨、蚧类、茶叶病害发生的区域。

技术要点

矿物源农药主要通过物理窒息、物理驱避、物理隔离等作用，通过封闭害虫气孔、直接杀虫杀卵，干扰驱避害虫取食或者隔离阻碍病菌入侵与传播来达到防病治虫的目的。

在茶橙瘿螨发生高峰前期（5月初、8月下旬至9月上旬），将99%矿物油按150～200倍液的使用浓度配药，均匀喷湿茶橙瘿螨为害的嫩叶层。

在茶炭疽病发病初期（5月下旬、9月上旬），将99%矿物油按150～200倍液的使用浓度配药，将嫩叶层均匀喷湿，隔7～10天后再喷施1次。

在每年10月下旬至11月上旬，可选择99%矿物油或者石硫合剂进行冬季封园，以减少翌年的虫口基数和病情指数。

发生时间	1-2月（越冬期）	3月	4月	5月	6月	7月	8月	9月	10月	11-12月（越冬期）
茶橙瘿螨			发生高峰期				发生高峰期			
茶炭疽病				发生高峰期			发生高峰期			
防治策略				矿物油			矿物油			

注意事项

在使用矿物源农药时，应将药液均匀喷施于叶面、叶背、新梢、枝干等部位，以达到最佳防治效果。

矿物油不能与三唑锡、炔螨特、百菌清、克菌丹、硫黄及铜制剂进行混用。

当气温高于35℃或土壤干旱和作物缺水时，

不要使用。

　　石硫合剂是由石灰和硫黄配制而成，安全间隔期长，一般用于秋茶结束后的封园防治。

　　技术支持单位：中国农业科学院茶叶研究所
　　咨　　询　　人：郭华伟　肖　强

茶园灯光诱杀技术

技术目标

本项技术利用害虫较强的趋光、趋波、趋色、趋性信息的特性，将光的波长、波段、波的频率设定在特定范围内，近距离用光、远距离用波，加以诱到的害虫本身产生的性信息引诱成虫扑灯，灯外配以频振式高压电网触杀，或通过小型风扇吹吸使害虫落入灯下的接虫袋内，达到杀灭害虫的目的。

适宜区域

诱虫灯诱虫范围广，能有效诱杀茶园中的鳞翅目害虫和鞘翅目害虫以及其他大多数昆虫，在茶园中均可使用。

技术要点

茶园中主要的鳞翅目害虫如茶尺蠖、茶毛虫、茶刺蛾等害虫成虫对光波非常敏感，具有很强的趋光性，可选择频振式杀虫灯诱杀。其他像茶小绿叶蝉、蜡蝉等小型害虫，可选择风吹、吸式杀虫灯将光源周围直径 30 cm 范围内昆虫吸入到储虫袋内，解决能诱不能杀的问题。一般每 30 亩安装 1 盏灯。

在茶尺蠖等鳞翅目成虫发生高峰期集中开灯，诱杀大量成虫。在非害虫高发期，为保护茶园天敌，可每周开一次灯。

注意事项

诱虫灯在使用过程中应成片规模化使用。

对诱虫灯进行必要的维护，保持工作正常。

技术支持单位：中国农业科学院茶叶研究所

咨　询　人：郭华伟　肖　强

茶园色板诱集技术

技术目标

本项技术利用害虫对不同颜色的趋性进行诱杀，无抗药性产生，通过物理控制方法，达到防治小型害虫的目的。

适宜区域

适用于黑刺粉虱、茶小绿叶蝉发生严重的区域。

技术要点

黑刺粉虱、茶小绿叶蝉等害虫体型小，虫口发生量大，对色泽敏感性强，极容易被诱集，通过粘虫胶粘附，达到控制效果。建议在黑刺粉虱成虫高发期（4月底至5月初）或假眼小绿叶蝉成虫发生期使用，一年防治一次。

色板插在茶行中间，然后固定在茶树上，以底边不高于茶树蓬面5厘米为宜，最后撕下外面的白纸，一般每亩放置色板15～20片。如配合使用诱芯，可将诱芯悬挂于板上方1/3处。

注意事项

应在害虫成虫发生高峰前期使用。

及时对诱虫色板进行回收。

若配合使用性信息素诱芯，则一旦打开包装袋，应尽快用完。不用的诱芯易挥发，需在 -15～-5℃冰箱中冷藏。

技术支持单位：中国农业科学院茶叶研究所

咨　询　人：郭华伟　肖　强

茶园性信息素诱捕技术

技术目标

本项技术利用性信息素引诱害虫成虫,减少成虫交配率,以达到降低下一代幼虫虫口密度的目的。目前在茶园使用的性信息素主要有黑刺粉虱、茶小绿叶蝉、茶毛虫、茶尺蠖性信息素。

适宜区域

适用于黑刺粉虱、茶小绿叶蝉、茶毛虫、茶尺蠖发生严重区域。

技术要点

昆虫通过分泌、散发性信息素引诱异性昆虫进行交配、繁殖。每一种昆虫有其独有的性信息素,通过提取、仿造合成这种性信息素作为引诱剂,诱杀害虫雄成虫,从而干扰害虫的正常交配,以此来防治及监控害虫。目前,茶园中开发使用的主要有黑刺粉虱信息素、茶小绿叶蝉信息素、茶毛虫性信息素和茶尺蠖性信息素。

在黑刺粉虱成虫高发期(4 月底至 5 月初)

或假眼小绿叶蝉成虫发生期使用，与色板结合使用效果更佳。

使用性信息素诱芯最好大面积连片使用，以防相近农田再次为害；茶尺蠖、茶毛虫信息素诱捕器每亩放置3～5套。

注意事项

及时更换性信息素诱捕器。

性信息素诱芯一旦打开包装袋，应尽快用完。不用的诱芯易挥发，需在-15℃～-5℃冰箱中冷藏。

技术支持单位：中国农业科学院茶叶研究所
咨　　询　　人：郭华伟　肖　强

第四章

茶叶加工技术

优质绿茶机械化采摘与加工技术

技术目标

该技术主要针对当前茶产业发展过程中凸现的采茶工短缺、采茶人力成本快速增加等瓶颈问题，通过新装置、新工艺的研究，集成出一套优质绿茶机采机制生产技术。此技术可实现优质绿茶鲜叶的机械化采摘及其分级、分类加工，较好地解决了优质绿茶鲜叶无法采下的突出问题，所制曲毫或香茶等优质绿茶产品外观匀整，香气清高，滋味醇爽，整体品质优异。

适宜区域

适用于曲毫类或香茶类优质绿茶的机械化采摘与加工。

技术要点

（1）机械化采摘时期

采摘时期是影响机采叶品质的关键因子之一。优质绿茶的机采适期一般在茶树树冠面上一芽三叶鲜叶比例约占70%～80%，芽叶平均高度约为

$6 \sim 7$ cm 时为佳。

（2）机械化采摘作业应用参数

弧形茶树蓬面采用弧形传统双人采茶机作业，平形茶树蓬面使用平形采茶机，推荐选用便携式名优茶采摘机（ZL 200720184003.0）。其中便携式名优茶采摘机设备应用参数如下表所示。

结构参数	应用技术参数
支撑板截面角度45°、宽度22cm，可自由调节连接杆高度	采摘角度：水平
	采摘速度：0.5m/s 左右
	支撑板高度：10 ~ 20mm（推荐值）
	适采期：树体上 1 芽 2 叶至 1 芽 3 叶比例 70% ~ 80% 左右
	树冠：平整，采后需将蓬面修剪

（3）机采叶分级作业应用参数

机采叶分级主要采用鲜叶筛分机或风选机。生产型鲜叶分级机（ZL 201320064553.4）宜采用现采现分的方式对新鲜茶叶进行分级，首先根据鲜叶大小选择适宜的筛板组合（下表），启动后调节至合适频率即可，然后对各出口获得的初分级鲜叶再通过风选机去除单片。

分级设备	应用技术参数
生产型鲜叶分级机	电机频率：40～50Hz 筛板振动频率：600～1000Hz 筛板孔径：由大到小依次是24～30mm、16～20mm、6～10mm（推荐值） 投叶量：80～100kg/h
鲜叶风选机	挡板角度：依次为大、中、小 风量：750W 风机、50～55Hz

（4）分类加工

根据鲜叶分级处理后的各级鲜叶质量情况和企业产品定位、品质要求、得率等的综合分析，按照不同加工工艺分别进行加工。建议以1芽1叶至1芽2叶为主的鲜叶加工成卷曲形优质茶、高级香茶或功夫红茶，1芽2叶至1芽3叶或以上的鲜叶加工成普通香茶类产品。

注意事项

机采后应采用修剪机进一步对蓬面进行修平、修边。

机采后的茶园要保证每亩40～50kg纯氮的

施肥量。

　　一般而言，第一次机采与二采间隔期 15～20 天，二采与三采间隔期 20～25 天左右。

　　机采鲜叶上如有叶面水则需经过适时摊放去除水分后再进行分级处理。

技术支持单位：中国农业科学院茶叶研究所
咨　询　人：尹军峰　袁海波

名优绿茶设施摊青技术

技术目标

鲜叶摊放是影响名优绿茶品质及其稳定性的关键工序。该技术针对目前我国名优绿茶摊放环境条件差、靠天吃饭而无法保障茶叶安全品质和产品质量及其稳定性的突出问题，通过摊青设备的研制和配套应用技术的研究与集成，研发出一整套名优绿茶设施摊青技术，可实现茶鲜叶摊放的控温、控湿，解决茶叶加工洪峰期保鲜和雨水叶的快速脱水难题，提高名优绿茶品质及其稳定性。

适宜区域

可适用于不同规模的茶厂和农户的名优绿茶加工。

技术要点

（1）主要摊青设施的购置与建设

根据生产规模和自动化程度的不同要求，可选择简易摊青室、自控式设施摊青间和自控式摊青机组等摊青设施进行购置或建设。

简易摊青室：主要包括摊青架或自动输叶机等摊青设施、空调和增湿器、除湿机等环境控制设备以及外围隔绝系统等三大部分。外围隔绝系统可选用独立的房间或卫生材料隔绝而成，摊放面积按占地 $0.2\ m^2/kg$ 和日最大摊叶量计算，除湿设备每小时除湿量为最大摊叶量的 $1/15 \sim 1/30$ 以上，增湿机的增湿量一般按照 $4\ kg/100m^3$ 设计。

自控式设施摊青间：主要由摊放架或自动输叶机以及环境控制设备、中央监控处理器和外围隔绝系统构成。设备选用参数参见简易摊青室。

自控式摊青机组：由自动输叶/摊叶系统、环境控制设备、中央监控处理器和外围隔绝系统组合构成。按 0.5 ～ 1 m²/kg 计算鲜叶摊叶面积，其他参见简易摊青室。

（2）主要控制技术参数

名优绿茶鲜叶常规摊青工艺参数：将鲜叶均匀摊于透气的摊放架、摊叶机等摊青设施上，摊叶厚度一般在 2 cm 左右（约 1 ～ 2 kg/m²）；采用人工或自动方式控制摊青区域的温度、湿度，一般应将温度控制在（22±2）℃，相对湿度控制在70%～80%；摊叶时间般应控制在 6 ～ 15 h 为佳，摊放水分指标为 68%～72%，叶色变暗，叶质变软，呈清香为度。

雨水叶脱水与鲜叶保鲜技术参数：雨水叶脱水的温度控制在 25 ～ 30℃，相对湿度控制在50% 以下；鲜叶保鲜的温度控制在 18℃ 左右，相对湿度控制在 85%～90%。

注意事项

鲜叶应避免直接摊放在地面，与鲜叶直接接触的材料应透气并符合国家食品生产的要求。

摊放间（室）应选择相对独立且清洁、阴凉、透气、避光的房间，也可采用夹芯彩钢板等材料隔出相应的空间。

技术支持单位：中国农业科学院茶叶研究所
咨　　询　人：袁海波　尹军峰

针芽形名优绿茶连续化加工技术

技术目标

该技术针对针芽形名优茶连续化程度低、无法机械搓条、生产效率较低的问题，通过新工艺、新装置的集成创新，提出了一套安全、高效、低成本的针芽形名优绿茶连续化加工技术，有效解决了机械脱叶和连续化加工的难题，所制针芽形绿茶香高味醇，品质优异。

适宜区域

适用于有一定规模的针芽形绿茶生产企业的加工。

设备清单

设备清单如下表。

序号	工序	设备及型号
1	摊青	摊青设施（H18）
2	杀青1	电磁滚筒杀青机（YJY-EM-80-A）

（续表）

序号	工序	设备及型号
3	杀青 2	微波杀青机（DXWS-15C）
4	一理	自动理条机（6CLXL8/8）
5	脱叶	搓条机（6CCG-90P/Q）
6	风选去末	风选机（EF40A）
7	回潮	回潮机（6CLH-8）
8	二理	自动理条机（6CLXL8/8）
9	回潮	回潮机（6CLH-8）
10	炒干	全自动炒干机组（6CCHK-100A）

技术要点

（1）摊青

将单芽原料置于温度 18 ～ 25℃、相对湿度 60% ～ 70% 的设施摊青间进行摊放处理，摊放厚度≤2cm，至含水率 68% ～ 70%。

（2）杀青

采用 YJY-EM-80-A 型电磁滚筒杀青机进行

杀青处理，温度设定为第一段 250～270℃、第二段 220～230℃、第三段 190～200℃，投叶量控制在 125～130 kg/h，单周期耗时控制在 150～180 s，至含水率 57%～60%。

（3）微波补杀

杀青叶不经冷却直接进入 DXWS-15C 型微波杀青机进行补杀，微波杀青机功率全开，输送速度调节为 3～3.5 m/min。

（4）一理

补杀后在制品直接进入两组串联的 6CLXL8/8 型自动理条机组进行第一次理条，理条机温度设定为 120℃、耗时 150～170 s。

（5）脱叶

一理叶进入 6CCG–90P/Q 搓茶机进行搓茶炒干处理，将不需要的叶子炒碎，搓茶机温度设定为 90～100℃，耗时 100～120 s，同时调节炒手与炒锅间距为 2～2.5 mm。

（6）风选去末

搓炒后在制品进入 EF40A 茶叶风选机进行风选去除碎末。

（7）第一次回潮

将在制品进入 6CLH-8 型回潮机进行一次回软处理 1～1.5 h。

（8）二理

将回潮叶进入两组串联的 6CLXL11/8 型自动理条机组进行第二次理条处理，理条机温度设定为 90℃，耗时 160～180 s，至含水率 10%～15%。

（9）第二次回潮

将二理叶进入 6CLH-8 型回潮机进行第二次回软处理 45～60 min。

（10）炒干

将第二次回软的茶叶进入 100 型全自动炒干机组进行脱毫炒干处理，全自动炒干机温度设定为 180℃，炒至含水率 6%，即成毛茶成品。

注意事项

鲜叶摊放作业一定要充分，摊至适宜含水率，否则会严重影响成品茶风味品质。

搓条脱叶作业时，炒手与炒锅间距要调节

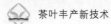

至适宜位置，过紧易产生较多碎末，过松脱叶效果差。

　　技术支持单位：中国农业科学院茶叶研究所
　　咨　　询　　人：邓余良　袁海波

光补偿全天候萎凋技术

技术目标

该技术主要针对红茶加工过程中出现的鲜叶萎凋不均匀、萎凋过程受自然环境制约、萎凋时间过长及整个工序人力耗费较大等问题。该技术的应用能够很好地调控萎凋环境，有效控制萎凋时间，提高鲜叶萎凋效果和效率，节约劳动力等。

适宜区域

国内主要红茶产区，特别是茶季多雨水的地区。

技术要点

温湿度可控、可补光：萎凋间内的温度在25～38℃范围内可控，相对湿度在55%～85%范围内可控；光照强度2 000～4 000 lx。

时间可调、定时翻叶：鲜叶全程萎凋周期为6～12h可调；具有定时自动翻叶3～6次，每次翻叶总时间为30～40 min。

萎凋叶含水量为55%～60%时达到萎凋适

茶叶丰产新技术

度，按"出料"按钮，鲜叶自动完成出料，输送至揉捻工序。

注意事项

鲜叶到厂，通过立输把鲜叶均匀输送到机器上的时候，根据当前叶量大小，调整匀叶器的高低，匀叶效果最优；萎凋后期，每次翻叶，根据鲜叶的萎凋程度重新调整匀叶器的高低。

萎凋环境温度不能超过35℃，否则会造成严重的鲜叶红变现象，切不可为了缩短萎凋时间而盲目升高温度。

设置自动翻叶程序时，注意设置立输及皮带的速度不宜过快，否则容易造成摊叶不均。

技术支持单位：中国农业科学院茶叶研究所
咨　询　人：叶　阳

工夫红茶
连续自动化富氧发酵技术

技术目标

该技术主要针对工夫红茶加工中，发酵在制品温度分布不均、发酵程度不匀、供氧不足、品质不佳等问题，以及现有发酵设施、单机等不能连续化操作等问题。该技术使用简单方便、省时省力，具有降低能耗、提高生产效率、提升品质等优点，同时又能满足连续化、自动化加工的要求。

适宜区域

适用于所有可进行工夫红茶加工生产区域。

技术要点

该技术基于超声雾化隧道加热技术达到控温控湿目的，同时采用回转搅拌与柔性刮板结构使得发酵在制品与湿热空气充分接触，有效促进在制品酶促氧化还原反应，从而完成红茶发酵。

该技术具有：温度 22 ～ 40℃可控，湿度

≥85%，出料≤2.0min，筒内氧浓度保持在20.5%～21%。

注意事项

应注意保证微波雾化所需用水量，并提前完成温湿度的设定与控制。

添加揉捻叶时，不可一次性大量投料，以防卡住柔性刮板。

发酵过程中，可通过打开侧门进行发酵样取样观察，严禁将手放入发酵机内，严禁翻拌时取样观察。

自动出料完成后，应立即断电并清除少量残留发酵样，清洗发酵机，做好卫生工作。

技术支持单位：中国农业科学院茶叶研究所
咨　询　人：董春旺

颗粒形乌龙茶压揉技术

技术目标

该技术主要针对颗粒型乌龙茶初制加工过程中的造型工序。该技术要求包揉叶适度造型含水率 18% ～ 45%，定型叶适度含水率 18% ～ 25%。茶叶外形紧结圆实、色泽砂绿。

适宜区域

适用于我国福建、台湾等做颗粒形乌龙茶地区。

技术要点

该项技术包括速包、平揉、松包、初烘、复包揉、定型等工序。包揉造型全程掌握"松—紧—松"原则；及时松包，筛去粉末。具体操作包括以下几点。

（1）速包—松包

将摊凉后的杀青叶按每包 6 ～ 10 kg 的量放入规格为 160 mm×160 mm 的包揉布中间，提起包揉布四角拧成袋状，置于速包机上通过踏板开关进行速包。速包成型静置 1 ～ 2 min 后解开取出茶团放到松包机内解块筛末。速包—松包，反复 3~4 次。每次速包时间不超过 1 min。

（2）速包—平揉—松包

将速包好的茶球置于平揉机上，调节好压力，启动平揉机作业 2~5 min 后松包解块筛末；速包—平揉—松包，反复 4~10 次，待茶条表面呈黏稠湿润感时上烘干机初烘。

（3）初烘

温度为 70℃，厚度 10 mm，时间 10 min 左右，待有刺手感时下机，翻抖散热至叶温低于 37℃进行复包揉。

（4）复包揉

重复上述工序，反复 2~3 次。至外形达到要求。

（5）定型

茶叶达到外形要求，紧缩茶包。静置 1.5~3.0 h，即可解块干燥。

注意事项

清香型铁观音不揉捻，去红边，冷团揉造型（在操作上把杀青叶稍为摊凉后经速包机直接包揉）。

速包时间要求短时，一般不超过 1 min。

　　包揉全过程的用力程度应掌握"松—紧—松"的原则，以免前期产生扁条和后期茶叶断碎。

　　及时松包，筛去碎末，以保证茶汤清澈明亮。

　　技术支持单位：福建农林大学
　　咨　　询　　人：孙威江

第五章

主要生产与加工装备

名优茶单人采茶机（微型采茶机）

产品目标

该系列设备主要针对大宗茶采茶机设备重、山区茶园适应性差以及机采鲜叶老叶多、质量差、操作不稳定等问题，通过对传统大宗茶采茶机的剖析和各种新技术的应用、集成研制而成。此系列设备较传统机型在采摘的适应性、操作的方便性和机采鲜叶品质上都有较大的提升。

应用范围

适用于平行树冠机采茶园 1 芽 2 叶初展左右鲜叶的采摘。

技术要点

（1）便携式名优茶采摘机（ZL 20072018400 3.0）

主要包括往复式切割系统、集叶系统、采摘支撑系统和连接主体系统等结构（下图）。采摘支撑系统是该机的主要创新点，该系统在主机底部安装有一块可调节拖板，可稳定支撑采茶机，实现采摘高度的调控，以获得较佳的机械组成。

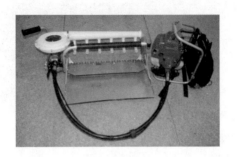

　　根据树冠鲜叶嫩度情况和茶叶加工的鲜叶质量要求，调整支撑板高度，按下表的应用技术参数进行采摘。设备的使用和保养与传统大宗茶单人采茶机基本一致。见下表。

结构参数	应用技术参数
支撑板截面角度45°、宽度22cm，可自由调节连接杆高度	采摘角度：水平 采摘速度：0.5m/s 左右 支撑板高度：10～20mm（推荐值） 适采期：树体上1芽1叶与1芽2叶比例70%～80%左右

（2）6CDW-220 型微型采茶机

该设备主要
包括往复式切割系
统、集叶系统、连
接主体系统等结构
（右图）。其中往复
式切割系统由动力
系统和刀片组成，
集叶系统由滚筒和集叶袋组成。

作业时首先开启电源总开关，随后握住操作
手柄，调整好采摘位置，借助手掌边缘下压启动
动力开关即可。微型采茶机采摘时剪切面与水平
面需保持向上倾斜 10°～ 15°，采摘时平稳前行，
至结束时需稍上扬。

注意事项

采摘完成后需及时清洁；名优茶单人采茶机
长时不用时需倒清存油。

技术支持单位：中国农业科学院茶叶研究所
咨　询　人：袁海波　尹军峰

颗粒形乌龙茶压揉机

产品目标

可以替代茶叶速包机、平板包揉机、松包机的功能，重复压揉茶叶，成形时间短，成品色泽鲜润一致，实现无布包揉，减轻劳动强度，提高了乌龙茶造形的质量和效率。

应用范围

颗粒形乌龙茶；颗粒形红、绿茶；颗粒形保健茶等。

技术要点

产品由容积料箱部分、液压动力部分、机构控制部分、工作油缸部分、锁紧机构部分等组成。利用物料在外力作用下产生变型的性质，对被置入封闭容箱中的物料，施以足够的能量，产生永久变形的外力，使之受挤压达到造型目的。

注意事项

检查各部位的螺栓螺母及管接头等有无松动

现象，如出现松动，及时拧紧，防止机件和液件损坏及其他事故的发生。

开空机检查有无不正常现象及音响，如果出现异常，及时判断找出原因。

整形机
Zheng xing ji

技术支持单位：福建农林大学
咨　　询　　人：孙威江

机采叶分级机

产品目标

该设备主要针对传统锥形滚筒鲜叶筛分机效率低、鲜叶易损伤红变等问题，采用抛抖分离原理和单一平面不同孔径、孔型筛板设计而成，可实现机采茶鲜叶的一次性分级，分级效果显著，不损伤茶鲜叶。

应用范围

适用于各类大小不一的茶鲜叶分级。

产品结构

（1）生产型鲜叶分级机

该设备主要包括主体框架、动力系统、筛分系统。筛分系统由扭簧和筛板组成，从前到后设置了四块不同孔径、孔型的筛

板，前端孔径较大，后端较小。

（2）小型鲜叶筛分机

设备主体结构包括支撑系统、抛振式动力系统、多层筛分系统等。筛分系统由弹簧片和筛板组成，从上到下设置了三块不同孔径筛板，上端孔径较大，下端孔径较小。

技术要点

（1）生产型鲜叶分级机

首先根据鲜叶大小选择适宜的筛板（下表）；接通电源，启动开关；调节适宜振动频率（一般小于 900 Hz），即可实现分级处理。

序号	项目	应用参数
1	电机频率	40～50Hz
2	筛板振动频率	600～1 000Hz
3	筛板孔径	由大到小依次是24～30mm、12～20mm、6～10mm
4	投叶量	80～100kg/h

（2）小型鲜叶筛分机

首先根据鲜叶大小选择适宜的筛板（下表）；接通电源，启动开关；调节适宜倾斜角度和振动频率，即可实现分级处理。

序号	项目	应用参数
1	振动频率	45～50Hz
2	倾斜角度	10°左右
3	筛板孔径	从上往下依次为17～18mm、11～12mm、5～6mm（推荐值）
4	投叶量	20～40kg/h

注意事项

分级作业完成后需及时清洁,避免鲜叶挂在筛板上。

电机频率不能调节过高,以免轴承发生断裂。

技术支持单位:中国农业科学院茶叶研究所
咨　　询　　人:尹军峰　袁海波

光补偿全天候萎凋装备

产品目标

该设备主要针对红茶加工中鲜叶的萎凋和摊放。该项技术的应用，可避免外界自然环境因素的影响，实现全天候萎凋作业。

应用范围

该设备用于红茶的萎凋加工，也可用于绿茶的摊放工序。

产品结构

该设备采用适宜红茶萎凋的 LED 有效光谱调控和恒温恒湿环境控制技术；整机采用多层链板筛网结构，实现自动上料、匀叶、循环翻叶和出料等功能。

技术要点

温度 25 ～ 38℃、相对湿度 55% ～ 85% 自动调控。

630 ～ 640 nm 波长红光调质，提高香气浓度和持久度。

单机有效摊叶面积可达 100～150℃，萎凋时间 6～12 h 可控，萎凋均匀度达 90% 以上。

高效节能、低噪音。

注意事项

萎凋机存放车间内需配套换气装置，以排出萎凋挥发的水分和废气。

技术支持单位：中国农业科学院茶叶研究所
咨　　询　　人：叶　阳

工夫红茶
可视化连续自动化富氧发酵机

产品目标

该设备主要解决传统发酵设备难翻拌、换气供氧不足、发酵周期长、作业状况难观察等问题，并实现了红茶发酵的连续自动化，加工的工夫红茶香气高锐、叶底红亮，品质优于传统发酵方式。

应用范围

用于工夫红茶的发酵工序。

产品结构

该设备基于超声雾化隧道加热技术，采用回转搅拌与柔性刮板结构，具有：发酵状态可视、触屏操作、定时翻动、自动控制温湿度、自动进出料、在线环境监控等功能。

技术要点

该设备单机容量达 100 ~ 250kg 揉捻叶，温度 22 ~ 40℃可控，湿度≥85%，出料≤ 2.0 min，

简内氧浓度保持在20.5%～21%，发酵时间2～4 h，整机能耗≤1.2 kW/h。

使用方法为：首先装填超声波雾化所需用水量，连接连续自动化富氧发酵机电源，设置运行参数（包含温度、湿度、翻拌时间及周期），待机器运行正常并发酵机内温湿度达到所设定值后，缓慢加入揉捻叶，进入发酵工序。发酵过程中，可通过发酵机桶体侧门实时监测在制品发酵程度，当发酵适度后，通过发酵机自动下降和出料门气压控制实现自动出料，最终完成发酵作业。

注意事项

作业时，可打开侧面观察门进行取样，翻搅进程中禁止取样。

发酵筒体为食品级透明材质，应避免钝性物体损伤筒体表面，影响观察效果。

技术支持单位：中国农业科学院茶叶研究所
咨　　询　人：董春旺